FORSCHUNGSBERICHTE DES LANDES NORDRHEIN-WESTFALEN

Nr. 3155 / Fachgruppe Physik/Chemie/Biologie

Herausgegeben vom Minister für Wissenschaft und Forschung

Prof. Dr. rer. nat. Heinz Dietrich
Rheinische Fachhochschule Köln

Über die Kinetik des Einbaumechanismus von Fremdzusätzen in das eigenleitende Chrom(III)oxid

Westdeutscher Verlag 1983

CIP-Kurztitelaufnahme der Deutschen Bibliothek

Dietrich, Heinz:
Über die Kinetik des Einbaumechanismus von
Fremdzusätzen in das eigenleitende
Chrom(III)oxid / Heinz Dietrich. - Opladen :
Westdeutscher Verlag, 1983.

(Forschungsberichte des Landes Nordrhein-
Westfalen ; Nr. 3155 : Fachgruppe Physik,
Chemie, Biologie)
NE: Nordrhein-Westfalen: Forschungsberichte
des Landes ...

ISBN 978-3-531-03155-2   ISBN 978-3-322-87550-1 (eBook)
DOI 10.1007/978-3-322-87550-1

Inhalt

1. Einleitung — 1

2. Zwischenstufentheorie — 3

3. Versuchsergebnisse an reinem Chrom(III)oxid — 10

    a) Zusatz von Magnesium(II)oxid — 10

    b) Zusatz von Aluminium(III)oxid — 11

    c) Zusatz von Titan(IV)oxid — 12

    d) Zusatz von Zirkonoxid — 13

4. Deutung der Versuchsergebnisse — 15

5. Literatur — 19

6. Bildanhang — 21

Untersucht wurde das elektrische Verhalten des als Wirtsoxid
verwendeten Chrom(III)oxids bei verschiedenen Fremdzusätzen
im Temperaturbereich von 900°C bis 1750°C. Hierzu wurden Ther-
mokraft- und elektrische Widerstandsmessungen und deren Abhängigkeit von der Temperatur benutzt.

Bei Zusätzen von Oxiden mit nieder-, gleich- und höherwertigen
Metallionen zeigt sich, daß der Einbau der Fremdkationen in das
Chrom(III)oxidgitter über Zwischenzustände erfolgt. Die sich so
ausbildende Ionenfehlordnung führt bei allen Fremdzusätzen zu
einer Defektelektronenzunahme und damit zu einer Erniedrigung
der Thermokraft. Durch eine Zwischenstufentheorie wird die Kinetik des Einbaues der Fremdkationen in das Kationenteilgitter
des Chrom(III)oxids beschrieben und durch entsprechende Experi-
mente im Temperaturbereich bis 1750°C auf ihre Richtigkeit
untersucht.

Einleitung

In der Literatur[1-4] wurde das Chrom(III)oxid zuerst in die Gruppe
der durch Metallunterschuß defektelektronenleitenden Oxide ein-
geordnet. K. HAUFFE und J. BLOCK[5], die die elektrische Leitfähigkeit des Chrom(III)oxids bis 1200°C untersuchten, konnten
jedoch die von der WAGNER-SCHOTTKY'schen Fehlordnungstheorie
geforderte Sauerstoffdruckabhängigkeit der elektrischen Leitfähigkeit experimentell nicht beobachten. In einer privaten
Mitteilung wies C. WAGNER[6] darauf hin, daß sich die experimentell gewonnenen Ergebnisse erklären lassen, wenn man das Chrom-
(III)oxid als Eigenhalbleiter auffaßt.

In einer Reihe von Arbeiten, die sich mit der Temperatur- und Sauerstoffdruckabhängigkeit des Chrom(III)oxids mit Zusätzen nieder- und höherwertiger Oxide im Temperaturbereich von 800°C bis 1750°C befaßten, konnten W.A. FISCHER und G. LORENZ[7-9] experimentell nachweisen, daß Chrom(III)oxid ein durch niederwertige Oxide verunreinigter defektelektronenleitender Eigenhalbleiter ist und somit die von C. WAGNER vertretene Auffassung bestätigen.

Auch konnte von H. DIETRICH[10] nachgewiesen werden, daß die bei reinem Chrom(III)oxid beobachtete Defektelektronenkonzentration vom Grad der niederwertigen Verunreinigung abhängig war.

Alle Arbeiten, die den Einbaumechanismus von Fremdoxide in das Chrom(III)oxid zu erklären versuchten, legten der Deutung ihrer experimentellen Ergebnisse die WAGNER-SCHOTTKY'sche Fehlordnungstheorie und somit einen thermodynamischen Gleichgewichtszustand zugrunde.

Jedoch stellten bereits W.A. FISCHER und G. LORENZ[7] und später W.A. FISCHER und H. DIETRICH[11,12] fest, daß bei einigen Dotierungen des Chrom(III)oxids mit nieder-, gleich- und höherwertigen Oxiden Ergebnisse erhalten wurden, die in völligem Widerspruch zur WAGNER-SCHOTTKY'schen Fehlordnungstheorie standen.

Die Arbeiten[7-12] lassen aber auch erkennen, daß selbst bei den dort angewandten hohen Temperaturen (ca. 2000°K), Aussagen über einen vollständigen Einbau von Fremdzusätzen in das Wirtsoxid nur mit Vorbehalt zu machen sind.

Um die von der WAGNER-SCHOTTKY'schen Fehlordnungstheorie abweichenden experimentellen Befunde zu erklären, die durch einen nichtthermodynamischen Zustand charakterisiert sind, wird im folgenden eine Zwischenstufentheorie fomuliert, die eine Deutung der experimentellen Ergebnisse möglich macht.

Zwischenstufentheorie

Über den Einbaumechanismus von Fremdatomen in einen
elektronenleitenden oxidischen Halbleiter

Zeichenerklärung

Bei der Schreibweise, der in den Fehlordnungsgleichgewichten
auftretenden Teilchen, wurde die von SCHOTTKY vorgeschlagene
Symbolik benutzt.

θ = quasi-freies Elektron

θ = Defektelektron

$A_\bullet(B)$ = A-Ion auf einem Gitterplatz, der vorher von einem
B-Ion eingenommen wurde

$B_\square$ = Gitterlücke, die normalerweise von einem B-Ion
besetzt ist

B_O = B-Ion auf einem Zwischengitterplatz

$A_\bullet x$ = A-Ion auf normalem Gitterplatz, wobei sich die Ladung
gegenüber dem Ausgangszustand nicht geändert hat

In jedem Fall wird noch die Ladung der einzelnen Ionen und die
Ladung der Fehlstelle gegenüber dem Normalzustand angegeben.
Zum Beispiel $Mg_{O'}(Cr^{3+})$ ist ein zweiwertiges Kation Mg^{2+} auf
dem Gitterplatz eines dreiwertigen Kations Cr^{3+}, wobei die Ladung gegenüber dem Ausgangszustand einfach negativ ist. Bzw.
bedeutet $B_{'''}$ eine Gitterlücke, die gegenüber dem Normalzustand dreifach negativ geladen ist.

Der Einbau eines gleichwertigen Metalloxids in einem eigenlei-
tenden oxidischen Halbleiter würde nach der WAGNER-SCHOTTKY'schen
Fehlordnungstheorie nach folgender Gleichung zu formulieren sein.
(Im vorliegenden Falle wäre Cr_2O_3 mit Al_2O_3 zu dotieren.)

$$Al_2O_3 = 2\ Al_O x(Cr^{3+}) + Cr_2O_3 \tag{1}$$

Gemäß dieser Einbaugleichung dürften sich die elektrischen
Eigenschaften, speziell die der Thermokraftwerte des Wirtsoxids
nicht ändern. Widerstandsänderungen dagegen wären, da es sich

um polykristalline Körper handelt, noch durch den Grad der
Sinterung der Versuchskörper möglich. Die experimentellen Befunde[11] zeigen jedoch im Störstellenbereich wie im Bereich der
Störstellenerschöpfung und dem Bereich der beginnenden Eigen-
halbleitung eine Defektelektronenzunahme.

Im Bändermodell könnte eine Akzeptorwirkung, wenn der Einbau
des Aluminium(III)oxids nach Gl. (1) erfolgt, nur durch den
kleineren Ionenradius, der auf normalen Gitterplätzen eingebau-
ten Aluminiumkationen[13] zustande kommen[14]; jedoch sollte dann
durch Temperatureinfluß keine irreversible Änderung der Thermokraft zu beobachten sein. Dies widerspricht jedoch den experimentellen Befunden[11].

Es muß also eine Fehlordnung vorgelegen haben, die nicht mit der
Fehlordnungsgleichung (1) zu beschreiben ist. Es zeigt sich zu-
dem, daß die Ausheilung der Fehlordnung temperaturabhängig ist[11].

Leider werden in Veröffentlichungen Zwischenzustände der experimentellen Befunde kaum angegeben, sondern meist nur die stabile Endphase, z.B.[15].

Ist einmal die Ausheilung der Fehlordnung vollzogen, so ergeben die von der WAGNER-SCHOTTKY'schen Fehlordnungstheorie aufgestellten Gleichungen reproduzierbare wie auch reversible
Ergebnisse[11], was bedeutet, daß diese Gleichungen den stabilen
Zustand des Mischoxides darstellen und nachträglich keine
Diffusion der Fremdatome im Kationenteilgitter des Wirtsoxides
mehr stattfindet.

In diesem stabilen Zustand des Mischoxids Al_2O_3/Cr_2O_3 kommt
bei gegebener Störstellenerschöpfung der niederwertigen Verunreinigung der Ladungsträgertransport wieder nach folgender
Gleichung zustande.

$$2\ Cr^{3+}\ =\ Cr^{2+}\ +\ Cr^{4+}$$
$$Null\ =\ \theta\ \ +\ \theta \tag{2}$$

Um die Widersprüche der experimentellen Befunde zur WAGNER-
SCHOTTKY'schen Fehlordnungstheorie zu beseitigen, muß ein
Zwischenstufenmodell geschaffen werden, das in seinem Endre-
sultat zu den von der WAGNER-SCHOTTKY'schen Fehlordnungstheorie aufgestellten Gleichungen führt.

Eine solche Zwischenstufe beim Einbau eines gleichwertigen Metalloxids (Al_2O_3) in einen oxidischen Eigenhalbleiter (Cr_2O_3)
könnte nach folgenden Gleichungen zu formulieren sein:

$$Al_2O_3 \;=\; 2\,Al_O^{\cdots} + 2\,Cr_{\square}''' + Cr_2O_3 \qquad (3a)$$

Da der dreiwertige Zustand des Aluminiumkations sehr unwahrscheinlich ist (dritte Ionisierungsstufe von Al gleich
28,44 eV[13, p.E. 74]),kann davon ausgegangen werden, daß das
Aluminiumkation höchstens zweifach bzw. einfach ionisiert
auf einem Zwischengitterplatz vorliegt. Somit ergibt sich eine
weitere Zwischenstufe.

$$2\,Al_O^{\cdots} \;=\; 2\,Al_O^{\cdot\cdot} + 2\,\theta \qquad (3b)$$

$$\text{bzw.} \quad 2\,Al_O^{\cdots} \;=\; 2\,Al_O^{\cdot} + 4\,\theta \qquad (3c)$$

Da die Defektelektronenbildung in dieser Zwischenstufe bei stabi-
lem Anionenteilgitter nur durch die Bildung neuer Chrom(IV)Katio-
nen zustande kommen kann, erhöht sich damit die Konzentration
der Cr^{4+}-Kationen, was aber nach Gleichung (2) eine verstärkte
p-Leitung des Chrom(III)oxids zur Folge hat. Vorausgesetzt ist
hierbei, daß die Leerstellen im Kationenteilgitter des Wirtsoxids (Gleichung 3a) bei einem Ladungsträgertransport nicht
teilnehmen. Wegen der in den Experimenten gefundenen stabilen
Endphase, die durch die WAGNER-SCHOTTKY'sche Einbaugleichung
des Aluminium(III)oxids in das eigenleitende Chrom(III)oxid
gegeben ist, scheint dieser Vorgang auch sehr unwahrscheinlich
zu sein.

Als nächster Schritt in der Zwischenstufentheorie müßte nun
eine Diffusion der Aluminiumkationen, die sich auf Zwischengitterplätzen des Wirtsoxids befinden, in die Chrom(III)-Leer-
stellen erfolgen.

$$2\,Al_O^{\cdot\cdot} + 2\,\theta + 2\,Cr_{\square}''' \;=\; 2\,Al_{\bullet}x(Cr^{3+}) \qquad (3d)$$

$$\text{bzw.} \quad 2\,Al_O^{\cdot} + 4\,\theta + 2\,Cr_{\square}''' \;=\; 2\,Al_{\bullet}x(Cr^{3+}) \qquad (3e)$$

Die Addition von Gleichung (3a), (3b), (3d), bzw. (3a), (3c),
(3e), führt zu der von der WAGNER-SCHOTTKY'schen Fehlordnungstheorie geforderten Einbaugleichung (1).

$$Al_2O_3 = 2\ Al_O^{...} + 2\ Cr_{\square}^{'''} + Cr_2O_3 \qquad (3a)$$

$$2\ Al_O^{...} = 2\ Al_O^{..} + 2\ \theta \qquad (3b)$$

$$\frac{2\ Al_O^{..} + 2\ \theta + 2\ Cr_{\square}^{'''} = 2\ Al_{\bullet} x(Cr^{3+})}{Al_2O_3 = 2\ Al_{\bullet} x(Cr^{3+}) + Cr_2O_3} \qquad \begin{matrix}(3d)\\[4pt](1)\end{matrix}$$

$$\text{bzw.}\quad Al_2O_3 = 2\ Al_O^{...} + 2\ Cr_{\square}^{'''} + Cr_2O_3 \qquad (3a)$$

$$2\ Al_O^{...} = 2\ Al_O^{.} + 4\ \theta \qquad (3c)$$

$$\frac{2\ Al_O^{.} + 4\ \theta + 2\ Cr_{\square}^{'''} = 2\ Al_{\bullet} x(Cr^{3+})}{Al_2O_3 = 2\ Al_{\bullet} x(Cr^{3+}) + Cr_2O_3} \qquad \begin{matrix}(3e)\\[4pt](1)\end{matrix}$$

Der Zusatz eines niederwertigen Metalloxids (z.B. MgO) in das
eigenleitende Chrom(III)oxid hat gemäß der WAGNER-SCHOTTKY-schen
Fehlordnungstheorie folgende Einbaugleichung:

$$MgO = Mg_{\bullet}{}' (Cr^{3+}) + \theta + \tfrac{1}{2}Cr_2O_3 - \tfrac{1}{4}O_2{}^{(g)} \qquad (4)$$

$$(g)\ \text{gasförmig}$$

Nach Gleichung (4) müßte der Widerstand des Mischoxids sauer-
stoffdruckabhängig sein. Ebenso müßte eine Defektelektronenzunahme des durch Verunreinigung p-leitenden Chrom(III)oxids zu
beobachten sein. Setzt man jedoch kein thermodynamisches Gleichgewicht voraus, so könnten entsprechende Zwischenstufen beim
Einbau von MgO in Chrom(III)oxid entstehen.

$$MgO = Mg_O^{..} + \tfrac{2}{3}Cr_{\square}^{'''} + \tfrac{1}{3}Cr_2O_3 \qquad (5a)$$

Auch hier gilt wieder nach[13, p.E. 74] ein instabiler Zustand
des zweifach ionisierten Magnesiumatoms.

$$Mg_O^{..} = Mg_O^{.} + \theta \qquad (5b)$$

Macht man hier dieselben Annahmen wie beim Einbau von Al_2O_3 in
Cr_2O_3, so müßte bei Temperatursteigerung eine Diffusion der
Magnesiumatome auf Zwischengitterplätzen in die Leerstellen des

Wirtsoxids erfolgen, wobei unter Sauerstoffaufnahme das Chrom-(III)oxidgitter erweitert wird.

$$Mg_O\cdot + \theta + \frac{2}{3}Cr_{\square}{}''' + \frac{1}{4}O_2{}^{(g)} = Mg_\bullet{}' (Cr^{3+}) \frac{1}{6}+Cr_2O_3 + \theta \qquad (5c)$$

Werden Gleichungen (5a), (5b), (5c) addiert, was einer Ausheilung der Fehlordnung gleichkommt, so gelangt man wieder zu der von der WAGNER-SCHOTTKY'schen Fehlordnungstheorie geforderten Einbaugleichung (4).

$$MgO = Mg_O\cdot\cdot + \frac{2}{3}Cr_{\square}{}''' + \frac{1}{3}Cr_2O_3 \qquad (5a)$$

$$Mg_O\cdot\cdot = Mg_O\cdot + \theta \qquad (5b)$$

$$Mg_O\cdot + \theta + \frac{2}{3}Cr_{\square}{}''' + \frac{1}{4}O_2{}^{(g)} = Mg_\bullet{}'(Cr^{3+}) + \frac{1}{6}Cr_2O_3 + \theta \qquad (5c)$$

$$\overline{MgO + \frac{1}{4}O_2{}^{(g)} = Mg_\bullet{}'(cr^{3+}) + \frac{1}{3}Cr_2O_3 + \frac{1}{6}Cr_2O_3 + \theta}$$

$$bzw. \; MgO = Mg_\bullet{}'(Cr^{3+}) + \theta + \frac{1}{2}Cr_2O_3 - \frac{1}{4}O_2{}^{(g)} \qquad (4)$$

Nach Gleichung (5c) müßte eine Sauerstoffdruckabhängigkeit der Ausheilung der Fehlordnung zu beobachten sein, was beim Einbau von Al_2O_3 in Cr_2O_3 nicht der Fall sein dürfte.

Beim Einbau eines höherwertigen Oxids in einen elektronenleitenden Eigenhalbleiter gilt gemäß der WAGNER-SCHOTTKY'schen Fehlordnungstheorie folgende Gleichung:

(z.B. TiO_2 bzw. ZrO_2 in Cr_2O_3)

$$TiO_2 = Ti_\bullet\cdot(Cr^{3+}) + \theta + \frac{1}{2}Cr_2O_3 + \frac{1}{4}O_2{}^{(g)} \qquad (6)$$

$$bzw. \; ZrO_2 = Zr_\bullet\cdot(Cr^{3+}) + \theta + \frac{1}{2}Cr_2O_3 + \frac{1}{4}O_2{}^{(g)} \qquad (6a)$$

Erfolgt jedoch der Einbau des höherwertigen Oxids in das Chrom-(III)oxid über Zwischenstufen, so sind folgende Einbaustadien denkbar:

$$TiO_2 = Ti_O\cdot\cdot\cdot\cdot + \frac{2}{3}Cr_2O_3 + \frac{4}{3}Cr_{\square}{}''' \qquad (7)$$

Da ein vierfach ionisiertes Titankation auf einem Zwischengitterplatz sehr unwahrscheinlich ist, ergeben sich nachfolgen-
de Möglichkeiten:

$$Ti_0^{\cdots\cdots} = Ti_0^{\cdots} + \theta \tag{8a}$$

$$Ti_0^{\cdots\cdots} = Ti_0^{\cdots} + 2\,\theta \tag{8b}$$

$$Ti_0^{\cdots\cdots} = Ti_0^{\cdot} + 3\,\theta \tag{8c}$$

Durch Diffusion der Titankationen auf Zwischengitterplätzen in
normale Gitterplätze des Kationenteilgitters des Chrom(III)oxids
werden die vorher geschaffenen Leerstellen wieder besetzt.

Dieser Vorgang läßt sich durch die Gleichungen (9a), (9b), (9c)
beschreiben.

$$Ti_0^{\cdots} + Cr_{\square}''' + \theta = Ti_\bullet^{\cdot}\;(Cr^{3+}) \tag{9a}$$

$$Ti_0^{\cdot\cdot} + Cr_{\square}''' + 2\,\theta = Ti_\bullet^{\cdot}\;(Cr^{3+}) \tag{9b}$$

$$Ti_0^{\cdot} + Cr_{\square}''' + 3\,\theta = Ti_\bullet^{\cdot}\;(Cr^{3+}) \tag{9c}$$

Bei vollständiger Ausheilung der instabilen Fehlordnung können
aber keine Leerstellen im Kationenteilgitter des Chrom(III)oxids
bestehen bleiben, so daß unter Abgabe von Sauerstoff in die
Gasphase der stabile Zustand des Mischoxids TiO_2/Cr_2O_3 wieder
hergestellt wird.

$$\tfrac{1}{3}\,Cr_{\square}''' + \tfrac{1}{6}\,Cr_2O_3 = \tfrac{1}{4}\,O_2^{(g)} + \theta \tag{10}$$

Die Addition der Gleichungen (7), (8a), (9a) bzw. (8b), (9b)
bzw. (8c), (9c) und (10) führt dann wieder zu dem von der
WAGNER-SCHOTTKY'schen Fehlordnungstheorie geforderten thermodynamischen Gleichgewichtszustand (Gleichung 6).

$$TiO_2 = Ti_{O}^{\cdots\cdots} + \frac{2}{3} Cr_2O_3 + \frac{4}{3} Cr_{\square}^{'''} \tag{7}$$

$$Ti_{O}^{\cdots\cdots} = Ti_{O}^{\cdots} + \theta \tag{8a}$$

$$Ti_{O}^{\cdots} + Cr_{\square}^{'''} + \theta = Ti_{\bullet}\cdot(Cr^{3+}) \tag{9a}$$

$$\frac{1}{3} Cr_{\square}^{'''} + \frac{1}{6} Cr_2O_2 = \frac{1}{4} O_2^{(g)} + \theta \tag{10}$$

$$\overline{TiO_2 = Ti_{\bullet}\cdot(Cr^{3+}) + \frac{1}{2} Cr_2O_3 + \theta + \frac{1}{4} O_2^{(g)}} \tag{6}$$

Versuchsführung

Die verwendete Versuchsapparatur sowie die Meßanordnung sind in
Abbildungen 1 und 2 dargestellt. Die Widerstandsmessung erfolg-
te mit einer diskret aufgebauten Wheatstone'schen Meßbrücke.
Um eventuelle Polarisationserscheinungen zu vermeiden, wurde
die Widerstandsmeßbrücke mit 800 Hz Wechselstrom gespeist. Die
Messungen der Thermokraft und des elektrischen Widerstandes
wurden in Luft ausgeführt. Zur Herstellung der Versuchskörper
wurde Chrom(III)oxid, Cr_2O_3 und als Fremdzusätze Aluminium(III)-
oxid, Al_2O_3, Magnesium(II)oxid, MgO, Titan(IV)oxid, TiO_2 und
Zirkon(IV)oxid, ZrO_2 reinst, wasserfrei (Fa. Merck) verwendet.
Die polykristallinen zylindrischen Versuchskörper von etwa
3 cm Länge und 1 cm Durchmesser wurden in einer Stahlform ge-
preßt. In einem gegenseitigen Abstand von 2 cm wurden 2 Pla-
tinelektroden von 4 mm² Querschnitt, an die je ein Pt-Pt Rh 18-
Thermoelement angeschweißt war, mit eingestampft. Die so her-
gestellten Versuchskörper wurden in Luft bei 1250°C viereinhalb
Stunden lang vorgesintert. Die Heizwicklung in dem verwendeten
Ofen war so angelegt, daß zwischen den beiden Elektroden im
Versuchskörper jede Temperaturdifferenz im untersuchten Temperaturbereich zwischen 0°C und 60°C eingestellt werden konnte.
Bei der Messung der Thermokraft- und Widerstandswerte im Störstellenbereich und im Bereich beginnender Eigenleitung wurde
nicht immer der thermodynamische Gleichgewichtszustand abgewartet, da der Lösungsvorgang der verschiedenen Fremdzusätze und
deren Auswirkungen auf die elektrischen Eigenschaften des
Chrom(III)oxid mit Hilfe der Zwischenstufentheorie untersucht
werden sollte.

Versuchsergebnisse an reinem Chrom(III)oxid

Die an reinem Chrom(III)oxid vorgenommenen Untersuchungen bestätigen die in früheren Arbeiten gemachten Ergebnisse[10-12]. Bei
den verschiedenen Fremdzusätzen wurde jedoch reines Chrom(III)
oxid unterschiedlichen Reinheitsgrades verwendet. Abbildung 3
gibt die Thermokraftwerte in Abhängigkeit von der Temperatur
des reinen Chrom(III)oxids wieder, das mit Magnesium(II)oxid
und Aluminium(III)oxid dotiert worden war. Abbildung 4 dagegen
zeigt die Thermokraftwerte in Abhängigkeit von der Temperatur
des Chrom(III)oxids, das als Wirtsoxid für die Beimengungen
von Titan(IV)oxid und Zirkon(IV)oxid verwendet worden war.

a)   Zusatz von Magnesium(II)oxid

Die Versuchsergebnisse von Chrom(III)oxid mit einem Zusatz von
1 Mol-% MgO in Argon sind in Abbildung 5 dargestellt. Der Probekörper war vor der Messung zwei Stunden lang bei 1400°C in Luft
gesintert worden. Anschließend wurde der Probekörper im Versuchsofen auf eine Temperatur von 1600°C gebracht, wobei laufend
Messungen der Thermokraft vorgenommen wurden, ohne auf thermodynamisches Gleichgewicht zu achten. Bei den nachfolgenden Messungen der Thermokraft in Abhängigkeit von der Temperatur, wobei
jetzt die Temperatur etwa 20 bis 25 Minuten konstant gehalten
wurde, zeigen die erhaltenen Endkurven, daß die Thermokraft gegenüber den Werten des reinen Chrom(III)oxids durch den Zusatz
von MgO verringert wurde. Die Erniedrigung der Thermokraft kann
durch den Einbau der Fremdkationen auf normale Gitterplätze gemäß
der WAGNER-SCHOTTKY'schen Fehlordnungsgleichung bei einer Dotierung eines niederwertigen Zusatzes in einen elektronenleitenden
oxidischen Eigenhalbleiter

$$MgO = Mg_{\bullet},(Cr^{3+}) + \theta + \frac{1}{2} Cr_2O_3 - \frac{1}{4} O_2{}^{(g)} \qquad (11)$$

beschrieben werden. Jedoch zeigen die zu Beginn der Messungen
gefundenen Thermokraftwerte, daß der thermodynamische Gleichgewichtszustand, den die Fehlordnungsgleichung (11) erfordert,
noch nicht erreicht war. Da aber sowohl die WAGNER-SCHOTTKY'sche

Fehlordnungstheorie als auch die Zwischenstufentheorie nur
eine Defektelektronenzunahme zulassen, konnte auf Grund des Ver-
suchsverlaufs nicht entschieden werden, ob die irreversible
Konzentrationszunahme der Defektelektronen beim Einbau der
Magnesiumkationen in das Chrom(III)oxidgitter bei den Anfangs-
kurven durch Zwischenzustände oder durch ein bei der entsprechenden Temperatur noch nicht vollständig gelöstes Magnesiumoxid
bedingt war. Bei einer weiteren Thermokraftmessung in Abhängigkeit von der Temperatur zeigte sich, daß die Endkurve der zweiten
Messung mit dem Kurvenverlauf der dritten Messung innerhalb der
Fehlergrenzen reversibel war. Es muß daher angenommen werden,
daß diese Endkurven den stabilen Zustand beim Einbau des Magne-
siumoxids in das Chrom(III)oxid darstellen.

b) Zusatz von Aluminium(III)oxid

Das Aluminium(III)oxid sollte gemäß der WAGNER-SCHOTTKY'schen
Fehlordnungsgleichung

$$Al_2O_3 = Al_\bullet x(Cr^{3+}) + Cr_2O_3 \tag{12}$$

beim Einbau in das Chrom(III)oxidgitter keine Änderung der
elektrischen Eigenschaften im Wirtsoxid auf Grund seiner Wer-
tigkeit hervorrufen. Abbildungen 6 und 7 zeigen die Ergebnisse
der in Luft durchgeführten Thermokraft- und Widerstandsmessungen in Abhängigkeit von der Temperatur eines Chrom(III)oxid-
Versuchskörpers mit einem Zusatz von 1 Mol-% Aluminium(III)oxid.
Der Versuchskörper war vor der Messung drei Stunden lang bei
einer Temperatur von 1400°C vorgesintert worden. In der Versuchsapparatur wurde die Probe wieder auf 1400°C erhitzt und
beim anschließenden Abkühlen wurde mit der Widerstands- und
Thermokraftmessung begonnen. Beim Wiederaufheizen bis 1750°C
wurde nicht immer der thermodynamische Gleichgewichtszustand
abgewartet, da der Einbaumechanismus des Aluminium(III)oxids
in das Chrom(III)oxidgitter bei T = 1750°C = konst. beobachtet
werden sollte. Bei Erreichen der Versuchstemperatur von 1750°C
ergab sich ein Wert der Thermokraft von 0,27 mV/°C. Im weiteren
Verlauf des Versuchs bei T = 1750°C = konst. fiel die Thermokraft bis auf den Wert von 0,07 mV/°C ab. Dann war eine Umkehr

der Thermokraft zu beobachten, bis sie schließlich wieder fast mit
0,42 mV/°C den Thermokraftwert des reinen Chrom(III)oxids von
0,43 mV/°C erreichte. Beim anschließenden Abkühlen des Versuchskörpers ergab sich eine Thermokraftkurve, die in ihrem Verlauf
fast identisch mit der des reinen Chrom(III)oxids war, was auch
bereits in früheren Versuchen beobachtet worden war.

Auch die Widerstandskurve zeigt bei T = 1750°C = konst. einen
Verlauf, der im Widerspruch zur WAGNER-SCHOTTKY'schen Fehlordnungstheorie steht. Bei der angewandten hohen Temperatur wäre
eine Widerstandserniedrigung durch einen erhöhten Sinterungs-
grad des polykristallinen Versuchskörpers zu erwarten. Die
Messungen zeigen jedoch, daß sich der Widerstand bei der Versuchstemperatur von T = 1750³C = konst. von 55 Ω auf 98 Ω
erhöht, was einer Abnahme der Ladungsträgerkonzentration gleichkommt.

c) Zusatz von Titan(IV)oxid

Die Thermokraftmessungen eines Versuchskörpers von Chrom(III)oxid
mit einem Zusatz von 1 Mol-% Titan(IV)oxid in Luft sind in Abbildung 8 dargestellt. Der Probekörper war vor der Messung 4 1/2
Stunden lang in Luft bei einer Temperatur von 1250°C gesintert
und anschließend langsam bis auf Zimmertemperatur abgekühlt worden. Die zu Beginn der Messung gewonnenen Thermokraftwerte zeigen eine Verringerung der Defektelektronenkonzentration des Wirtsoxids beim Einbau des Titan(IV)oxids. Wegen der geringen Löslichkeit des TiO_2 in Chrom(III)oxid in Luft können nicht alle
vorhandenen Defektelektronen, verursacht durch niederwertige
Verunreinigungen, durch die in das Chrom(III)oxidgitters ein-
gebaute Titankationen kompensiert werden.

Der Einbau der Titankationen auf normale Gitterplätze der dreiwertigen Chromkationen kann durch die WAGNER-SCHOTTKY'sche
Fehlordnungsgleichung

$$TiO_2 = Ti_{\bullet}(Cr^{3+}) + \theta + \frac{1}{2} Cr_2O_3 + \frac{1}{4} O_2{}^{(g)} \qquad (13)$$

beschrieben werden.

Für den Fall, daß das zugesetzte Titan(IV)oxid vollständig im
Chrom(III)oxid gelöst wird, ist ein Verbleiben der Thermokraftkurve im Defektelektronenbereich zu erwarten. Beim anschließenden Aufheizen des Versuchskörpers auf 1735°C zeigt
sich jedoch ein sehr viel stärkerer Abfall der Thermokraftkurve als die des reinen Chrom(III)oxids. Bei 1600°C wechselt die
Thermokraft ihr Vorzeichen und erreicht bei 1735°C einen Wert
von 0,1 mV/°C im elektronenleitenden Bereich. Dann steigt die
Thermokraft bei konstanter Temperatur innerhalb von 3 1/2
Stunden von 0,1 mV/°C auf 0m28 mV/°C an. Beim anschließenden
Abkühlen des Versuchskörpers wird wieder bei 1450°C ein Wechsel
des Vorzeichens der Thermokraft beobachtet und erreicht schließlich bei 1000°C den Wert von 0,8 mV/°C. Da der Sauerstoffpar-
tialdruck während der gesamten Versuchsführung konstant war,
kann eine Änderung der elektrischen Eigenschaften des Mischoxids TiO_2/Cr_2O_3 durch Sauerstoffeinfluß ausgeschlossen werden.
Somit kann der starke Abfall der Thermokraftkurve im Störstellenbereich nur durch die Dotierung des Chrom(III)oxids mit
Titan(IV)oxid verursacht worden sein. Da mit der Erhöhung der
Temperatur auch die Löslichkeit des Titan(IV)oxid in Chrom(III)-
oxid zunimmt, kann die Defektelektronenzunahme in diesem Bereich durch die Gleichungen (7), (8a), (8b) und (8c) beschrieben werden.

Im Bereich beginnender Eigenleitung muß neben der Defektelektro-
nenleitung auch ein Eigenhalbleitungsanteil angenommen werden,
der mit steigender Temperatur immer größer wird und schließlich
bei sehr hohen Temperaturen überwiegt, so daß im Eigenleitungs-
bereich Elektronenleitung auftritt. Die Verringerung der Ladungs-
träger bei T = 1735°C = konst. kann durch das Verdampfen von
TiO_2 zustande gekommen sein, was bereits auch in früheren Arbeiten[9] schon vermutet worden ist.

d) Zusatz von Zirkon(IV)oxid

Nach der Fehlordnungstheorie sollte der Einbau von Zirkon(IV)-
oxid in das Chrom(III)oxid durch die Schaffung zusätzlicher
Leitungselektronen entsprechend der Gleichung

$$ZrO_2 = Zr_\bullet \cdot (Cr^{3+}) + \theta + \frac{1}{2} Cr_2O_3 + \frac{1}{4} O_2 {}^{(g)} \qquad (14)$$

ebenfalls eine Verringerung der Defektelektronenkonzentration
hervorrufen und damit ein Ansteigen der Thermokraftwerte im Temperaturbereich des Störstellengebietes zur Folge haben.

Abbildung 9 gibt die Ergebnisse der Thermokraftmessungen in Abhängigkeit von der Temperatur eines Chrom(III)oxid-Versuchs-
körpers mit einem Zusatz von 1 Mol-% Zirkon(IV)oxid wieder. Der
Versuchskörper war vor der Messung 4 1/2 Stunden lang in Luft
bei einer Temperatur von 1250°C gesintert und dann langsam abgekühlt worden. Zu Beginn der Messungen zeigt die Thermokraftkurve im Störstellenbereich wider Erwarten eine Zunahme der Defektelektronenkonzentration des mit Zirkon(IV)oxid dotierten Chrom-
(III)oxids. Diese Zunahme der Defektelektronenkonzentration
deutet darauf hin, daß eine Substitution der dreiwertigen Chromkationen durch vierwertige Zirkonkationen nicht stattgefunden
hat. Nimmt man dagegen an, daß die gelösten Zirkonkationen sich
auf Zwischengitterplätzen befinden, so kann der Verlauf der Thermokraftkurve im Störstellenbereich durch die Gleichungen (7),
(8a), (8b) bzw. (8c) erklärt werden. Da es sich in diesem Temperaturbereich nur um eine geringe Thermokrafterniedrigung handelt, muß gefolgert werden, daß die Löslichkeit des Zirkon-IV)-
oxids in Chrom(III)oxid in Luft noch geringer ist als die des
Titan(IV)oxids in Chrom(III)oxid. Bei weiterer Temperaturerhö-
hung bis 1740°C sinkt die Thermokraftkurve bis auf einen Wert
von 0,02 mV/°C ab. Das anschließende Abkühlen der Probe bringt
einen Verlauf der Thermokraftkurve, dar unterhalb der Anfangskurve und bei 950°C einen Wert von 0,5 mV/°C erreicht.

Abbildung 10 zeigt den mit 1 Mol-% dotierten Chrom(III)oxidver-
suchskörper, der erneut aufgeheizt wurde, wobei die Thermokraftkurve bis 1450°C identisch mit der Anfangskurve von Abbildung 9 ist. Bei dieser Temperatur wurde der Versuchskörper aus
der Heizzone gefahren, während der Versuchsofen weiter bis auf
die Temperatur von 1625°C aufgeheizt wurde. Danach wurde die
Probe schlagartig der Temperatur T = 1625°C = konst. ausgesetzt.
Man beobachtet eine Abnahme der Thermokraftwerte innerhalb
5 1/4 Stunden von 0,25 mV/°C bis auf 0,14 mV/°C, was einer Zunahme der Defektelektronenkonzentration entspricht. Beim anschließenden Abkühlen des Versuchskörpers erhält man wieder
eine Thermokraftkurve, die identisch mit der Endkurve von

Abbildung 9 ist. Da mit steigender Temperatur auch eine erhöhte
Löslichkeit des Zirkon(IV)oxids in Chrom(III)oxid angenommen
werden kann, erklärt sich die Zunahme der Defektelektronenkonzentration durch Zwischengitterplatzbesetzungen der Zirkonkationen im Kationenteilgitter des Chrom(III)oxids gemäß der
Gleichungen (7), (8a), (8b) bzw. (8c).

Derselbe Versuchskörper wurde dann wiederum auf die Temperatur
von $T = 1625°C$ = konst. aufgeheizt. Abbildung 11 gibt die Versuchsergebnisse der Thermokraftwerte in Abhängigkeit von der
Temperatur wieder. Im Gegensatz zu Abbildung 10 zeigt sich jetzt
jedoch bei $T = 1625°C$ = konst. eine Abnahme der Defektelektronenkonzentration, und zwar steigen die Thermokraftwerte innerhalb
2 1/2 Stunden von 0,25 mV/°C bis auf 0,34 mV/°C an. Da Zirkon-
(IV)oxid in der Literatur bis 1750°C als stabil ausgewiesen
wird, kann eine Abnahme der Defektelektronenkonzentration durch
Verdampfen des Zirkon(IV)oxids ausgeschlossen werden. Mit Hilfe
der Zwischenstufentheorie ließe sich das Ansteigen der Thermokraftwerte bei $T = 1625$ = konst. dadurch deuten, daß ein Teil
der Zirkonkationen auf Zwischengitterplätzen in die Leerstellen im Kationenteilgitter des Chrom(III)oxids diffundieren, was
zur Bildung von Elektronen führt entsprechend den Gleichungen
(7), (8a), (9a) und (10). Durch diesen Einbau der Zirkonkationen auf normale Gitterplätze der Chromkationen wird die Defekt-
elektronkonzentration, verursacht durch Zwischengitterplatzbesetzungen der Zirkonkationen im Kationenteilgitter des Chrom-
(III)oxids, zum Teil kompensiert. Beim Abkühlen des Versuchskörpers auf 1000°C wird ein Wert von 0,8 mV/°C erreicht, was
darauf hindeutet, daß die Substitution der Chromkationen durch
Zirkonkationen anscheinend einen stabilen Zustand darstellt.

Deutung der Versuchsergebnisse

Zur Deutung des Verhaltens der Versuchskörper wurden bevorzugt
die Thermokraftkurven herangezogen.

Die Ergebnisse, die beim Einbau niederwertiger Fremdoxide in
das eigenleitende Chrom(III)oxid erhalten werden, lassen für
den irreversiblen Verlauf der Thermokraftkurven sowohl eine
Deutung durch die Zwischenstufentheorie als auch durch die

WAGNER-SCHOTTKY'sche Fehlordnungstheorie zu, wobei vorausgesetzt werden muß, will man die irreversible Defektelektronenzunahme mit Hilfe der WAGNER-SCHOTTKY'schen Fehlordnungstheorie erklären, daß bei den entsprechenden Temperaturen die Löslichkeitsgrenze des Fremdoxids in Chrom(III)oxid noch nicht erreicht worden war. Beim Einbau des Aluminium(III)oxid in das Chrom(III)-oxid sollte bei genügend großer Diffusionsgeschwindigkeit der Aluminiumkationen im Chrom(III)oxidgitter, selbst wenn bei der entsprechenden Temperatur die Löslichkeitsgrenze noch nicht erreicht worden ist, keine Änderung der elektrischen Eigenschaften des Wirtsoxids zu beobachten sein. Die experimentellen Befunde beim Einbau von Aluminium(III)oxid in Chrom(III)oxid zeigen jedoch bei T = 1750°C = konst. eine Zunahme der Defektelektronenkonzentration gegenüber der des reinen Chrom(III)oxid.

Die Zunahme der Defektelektronenkonzentration deutet auf eine so geringe Diffusionsgeschwindigkeit der Aluminiumkationen im Chrom(III)oxidgitter hin, daß es zur Ausbildung von Aluminiumkationen auf Zwischengitterplätzen gemäß der Gleichungen (3a) und (3b) bzw. (3c) kommt. Ist durch entsprechend langsames Aufheizen des Versuchskörpers bis zur Temperatur von 1750°C die Löslichkeitsgrenze von Al_2O_3 in Cr_2O_3 erreicht, so können die auf Zwischengitterplätzen sitzenden Aluminiumkationen nur noch durch Temperatureinfluß auf normale Gitterplätze des Kationenteilgitters des Chrom(III)oxids diffundieren[11, Abb. 5]. Ist dagegen durch schnelles Aufheizen des Versuchskörpers bis 1750°C die Löslichkeitsgrenze von Al_2O_3 in Cr_2O_3 noch nicht erreicht, so kommt es bei T = 1750°C = konst. zunächst zu einer weiteren Zunahme der Defektelektronenkonzentration durch Zwischengitterplatzbesetzungen der Aluminiumkationen im Chrom(III)-oxidgitter, bis die Löslichkeitsgrenze erreicht ist. Erst dann ist eine Abnahme der Defektelektronenkonzentration infolge des Einbaues der auf Zwischengitterplätzen befindlichen Aluminiumkationen auf normale Gitterplätze des Chrom(III)oxids gemäß der Gleichungen (3a), (3b) und (3d) bzw. (3a), (3c) und (3e) zu erwarten. Diese Deutung der Thermokraftkurve in Abbildung 6 mit Hilfe der Zwischenstufentheorie wird auch dem Verlauf der Widerstandskurve des Al_2O_3/Cr_2O_3-Mischoxids bei T = 1750°C = konst. in Abbildung 7 gerecht.

Existiert eine Löslichkeit eines höherwertigen Fremdzusatzes in
Chrom(III)oxid, so ist im allgemeinen eine Abnahme der Defektelektronenkonzentration des undotierten Chrom(III)oxid im Störstellenbereich zu erwarten. Überwiegt der Einbau der höherwertigen Fremdkationen auf normale Gitterplätze des Chrom(III)oxids
die Defektelektronenkonzentration des reinen Chrom(III)oxids, so
ist mit einem Wechsel des Vorzeichens der Thermokraftwerte zu
rechnen. Beim Einbau von Titan(IV)oxid in Chrom(III)oxid bestä-
tigt sich diese Annahme gemäß der WAGNER-SCHOTTKY'schen Fehlordnungsgleichung (13). Dotiert man jedoch Chrom(III)oxid mit
Zirkon(IV)oxid (Abb. 9), so stellt man eine Zunahme der Defektelektronenkonzentration im Störstellenbereich fest, was in völligem Widerspruch zur WAGNER-SCHOTTKY'schen Fehlordnungstheorie
steht. Beim Abkühlen des Versuchskörpers von 1740°C auf 950°C
verbleibt die Thermokraftkurve im defektelektronenleitenden
Bereich und erreicht im Störstellengebiet Werte von 0,5 mV/°C,
was auf eine weitere Defektelektronenkonzentrationszunahme gegenüber des reinen Chrom(III)oxids hinweist. Der Verlauf der
Thermokraftkurve muß mit der durch die Zwischenzustände sich aus-
bildenden Ionenfehlordnung ursächlich verknüpft sein. Bei
Anwendung der Zwischenstufentheorie läßt sich die Defektelektronenzunahme durch die Gleichungen (7), (8a), (8b) bzw. (8c) erklären. Der Abfall der Thermokraftwerte von 0,7 mV/°C auf
0,5 mV/°C im Störstellenbereich deutet darauf hin, daß bei der
gewählten Versuchsführung in diesem Temperaturbereich der Ab-
bau der Zwischenzustände nur langsam vonstatten geht, was wiederum auf eine geringe Diffusionsgeschwindigkeit der Zirkonkationen im Chrom(III)oxidgitter hinweist. Um den Löslichkeits-
vorgang des Zirkon(IV)oxids in Chrom(III)oxid besser beobachten zu können, wurde der Versuchskörper schlagartig der Temperatur von T = 1625°C = konst. ausgesetzt (Abb. 10). Der Verlauf der Thermokraftkurve deutet auf eine Defektelektronenzunahme hin, was bei der angenommenen geringen Diffusionsgeschwindigkeit der Zirkonkationen im Chrom(III)oxidgitter und bei dieser Temperatur noch nicht erreichte Löslichkeitsgrenze des
Zirkon(IV)oxids in Chrom(III)oxid sich durch die Zwischenstufentheorie gemäß der Gleichungen (7), (8a), (8b) bzw. (8c)
deuten läßt. Nicht ausgeschlossen werden kann, daß bei T =
1625°C = konst. im Zeitraum von 5 1/4 Stunden auch ein Einbau

der Zirkonkationen auf normale Gitterplätze des Wirtsoxids erfolgt. Jedoch zeigt der Verlauf der Thermokraftkurve bei T = 1625°C = konst., daß die Konzentration der Zirkonkationen auf Zwischengitterplätzen in jedem Fall größer ist als die der Zirkonkationen auf normalen Gitterplätzen des Chrom(III)oxids. Bei einem erneuten Versuch (Abb. 11) zeigt sich jetzt jedoch ein Ansteigen der Thermokraftwerte bei T = 1625°C = konst. Diese Abnahme der Defektelektronenkonzentration kann durch die Zwischenstufentheorie gemäß der Gleichungen (7), (8a), (9a) beschrieben werden.

Die Ergebnisse dieser Arbeit zeigen, daß Zwischenzustände beim Einbau von Fremdoxide in Chrom(III)oxid nur dann meßbar in Erscheinung treten, wenn die Diffusionsgeschwindigkeit der Fremdkationen im Chrom(III)oxid klein und die Löslichkeitsgrenze der Fremdoxide im Chrom(III)oxid bei den entsprechenden Temperaturen noch nicht erreicht ist. Die Auswirkungen der Zwischenzustände auf die elektrischen Eigenschaften des Wirtsoxids läßt sich unter entsprechenden Voraussetzungen bei gleich- und höherwertigen Fremdzusätzen wesentlich besser beobachten als bei niederwertigen Zusätzen, da bei gleich- und höherwertigen Fremdzusätzen in das Chrom(III)oxid die experimentellen Ergebnisse in völligem Widerspruch zur WAGNER-SCHOTTKY 'schen Fehlordnungstheorie stehen. In diesen Fällen ermöglicht die Zwischenstufentheorie eine Deutung der experimentellen Befunde, wobei bei Ausheilung der Ionenfehlordnung die Zwischenstufentheorie wieder zur WAGNER-SCHOTTKY'schen Fehlordnungstheorie führt. Bei niederwertigen Fremdzusätzen in das Chrom(III)-oxid kann die irreversible Defektelektronenzunahme durch bei der entsprechenden Temperatur noch nicht vollständig gelöstes Fremdoxid zustande gekommen sein. Ob und in welchem Maße die Zwischenzustände an dem irreversiblen Verlauf der Thermokraft beteiligt sind, läßt sich hier nicht eindeutig beurteilen.

Literaturverzeichnis

1. W. MEYER, Z.Elektrochem.angew.phys.Chem. 50 (1944) 274

2. D.J.H. BEVAN, J.P. SHELTON und J.S. ANDERON, J.chem.Soc. (London) (1948), 1729

3. P.R. CHAPMAN, R.H. GRIFFITH und F.D.L. MARSCH, Proc.Roy. Soc. (London) S.A. 224 (1954) 419

4. S.W. WELLER und St.E. VOLTZ, J.Amer.Chem.Soc. 75 (1953) 5231; J.Amer.Chem.Soc. 76 (1954) 4695; Z.phys.Chem. N.F. 5 (1955) 100

5. K. HAUFFE und J. BLOCK, Z.phys.Chem. 198 (1951) 232

6. C. WAGNER, Priv.Mitt. an K. HAUFFE, Z.phys.Chem. 198 (1951) 245 (loc.cit.)

7. W.A. FISCHER und G. LORENZ, Arch.Eisenhüttenwes. 28 (1957) 497

8. W.A. FISCHER und G. LORENZ, Arch.Eisenhüttenwes. 29 (1958) 293

9. W.A. FISCHER und G. LORENZ, Z.phys.Chem. N.F. 18 (1958) 265; Z.phys.Chem. N.F. 18 (1958) 308

10. Über die Kinetik des Einbaues von Fremdzusätzen in das eigenleitende Chrom(III)oxid und ihre Auswirkungen auf die elektrischen Eigenschaften.
Dissertation vorgelegt von Dipl.-Phys. Heinz DIETRICH an der Mathematisch-Naturwissenschaftlichen Fakultät der Rheinischen Friedrich-Wilhelm-Universität zu Bonn, 1961.

11. W.A. FISCHER und H. DIETRICH, Z.phys.Chem. N.F. 41, (1964), 205

12. W.A. FISCHER und H. DIETRICH, Z.phys.Chem. N.F. 41, (1964), 287

13. Handbook of Chemestry and Physics, 50th Edition, 1969 - 1970, p.P. 152

14. R.A. LOGAN, Physic.Rev. 101 (1956) 1455

15. Die Messung der Thermokraft, der elektrischen Leitfähigkeit und des Peltier-Effektes an feuerfesten Oxiden bei hohen Temperaturen.
Dissertation vorgelegt von Dipl.-Phys. Wolf-Dieter GELS an der Fakultät f. Bergbau u. Hüttenwesen der Rheinisch-Westfälischen Technischen Hochschule Aachen, 1967

6. Bildanhang

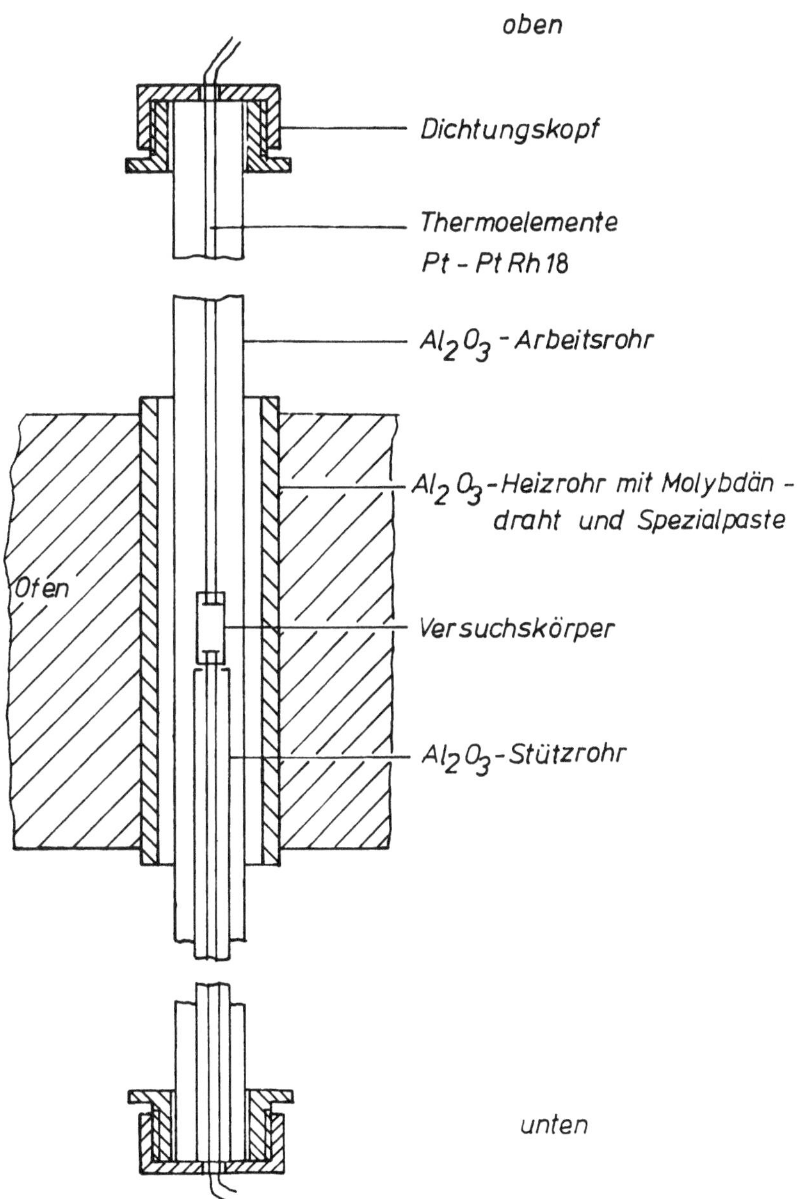

Abb. 1: Versuchsapparatur

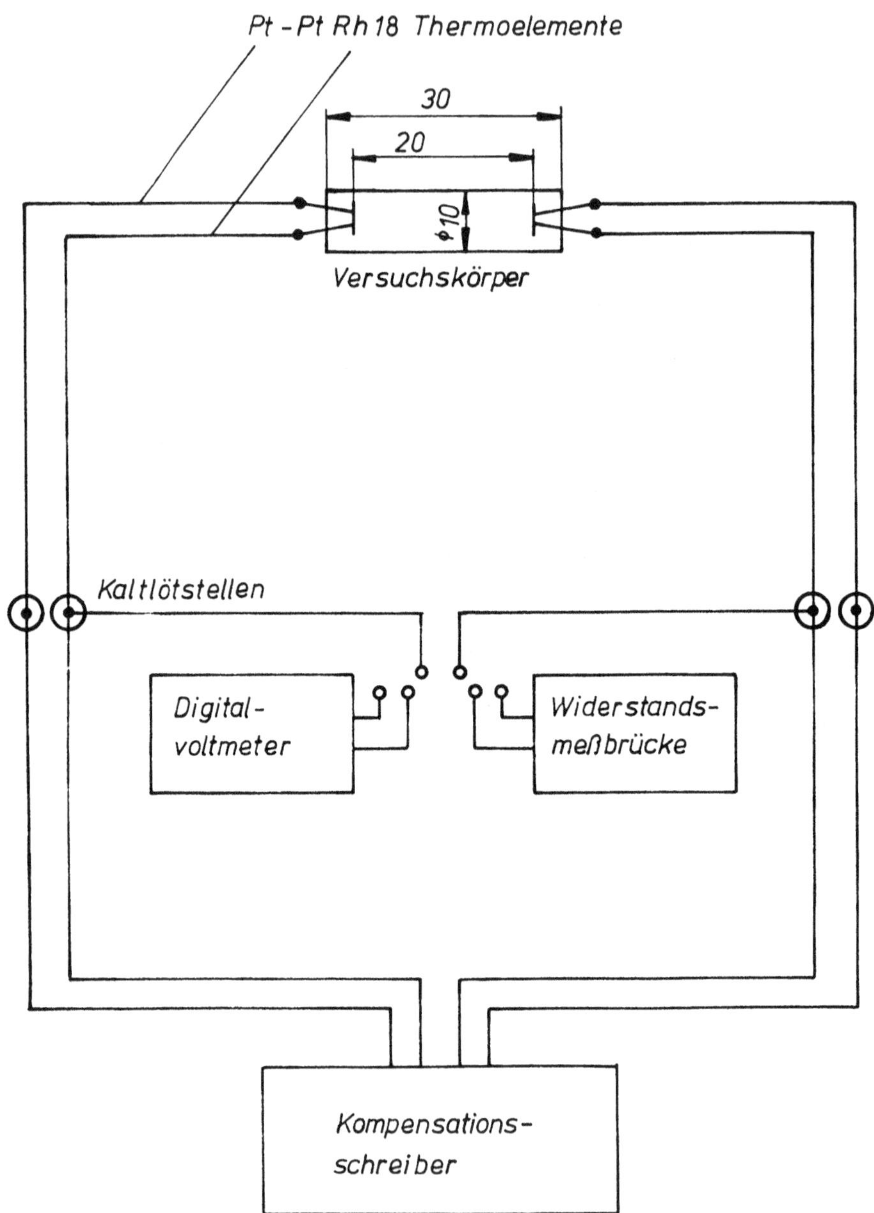

Abb. 2: Meßanordnung

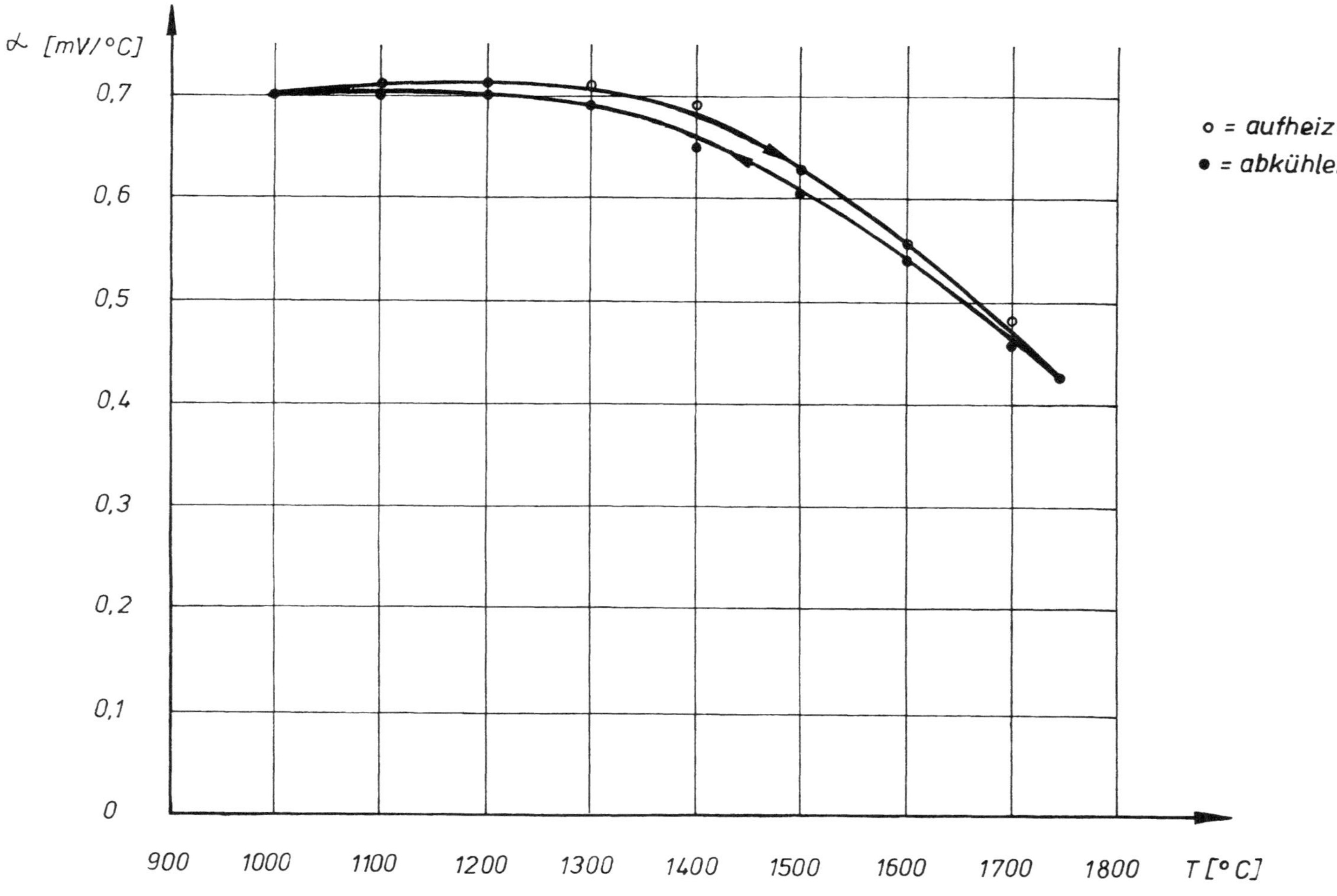

Abb. 3: Thermokraft von Chrom(III)oxid in Abhängigkeit von der Temperatur

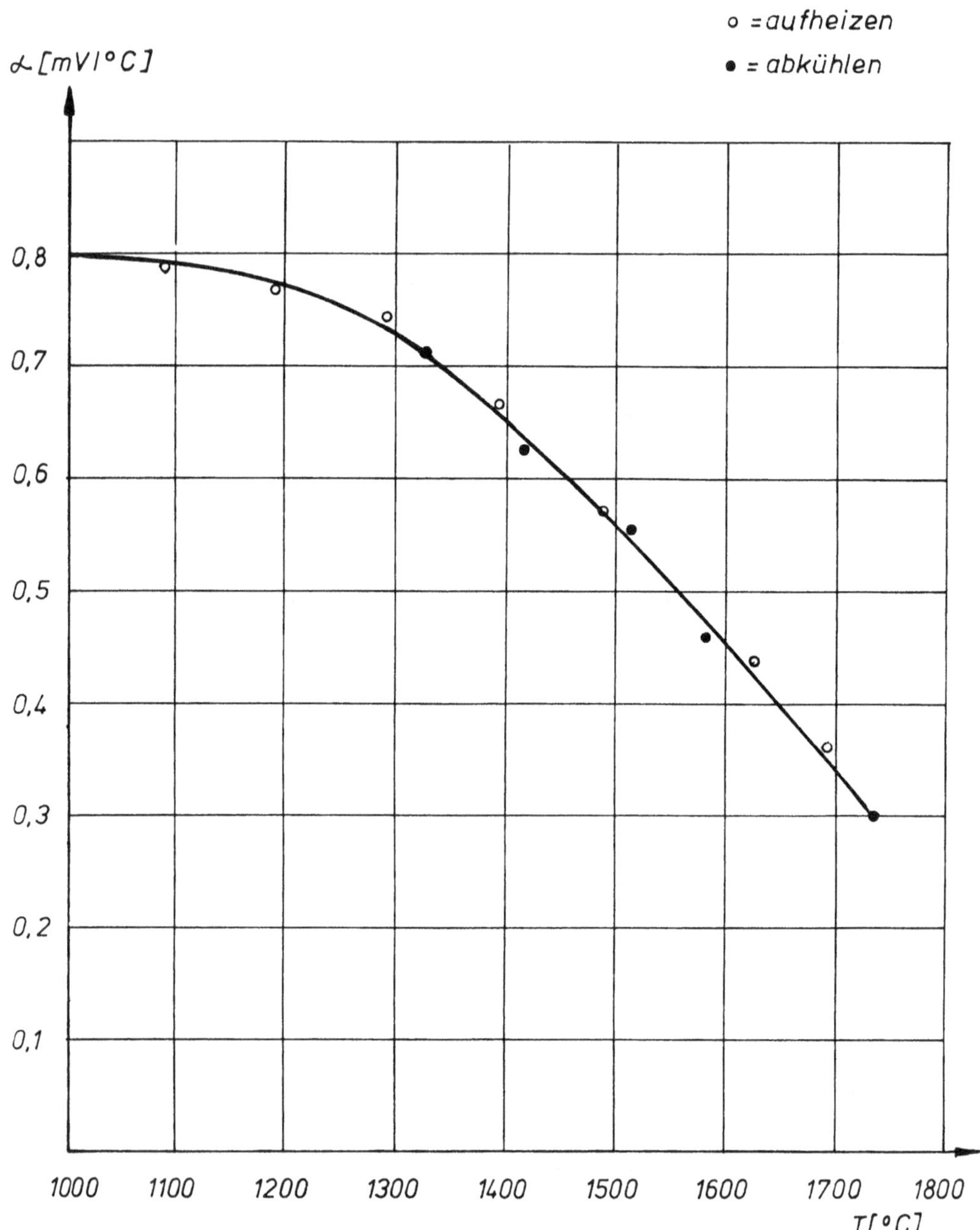

Abb. 4: Thermokraft von Chrom(III)oxid in Abhängigkeit von
der Temperatur

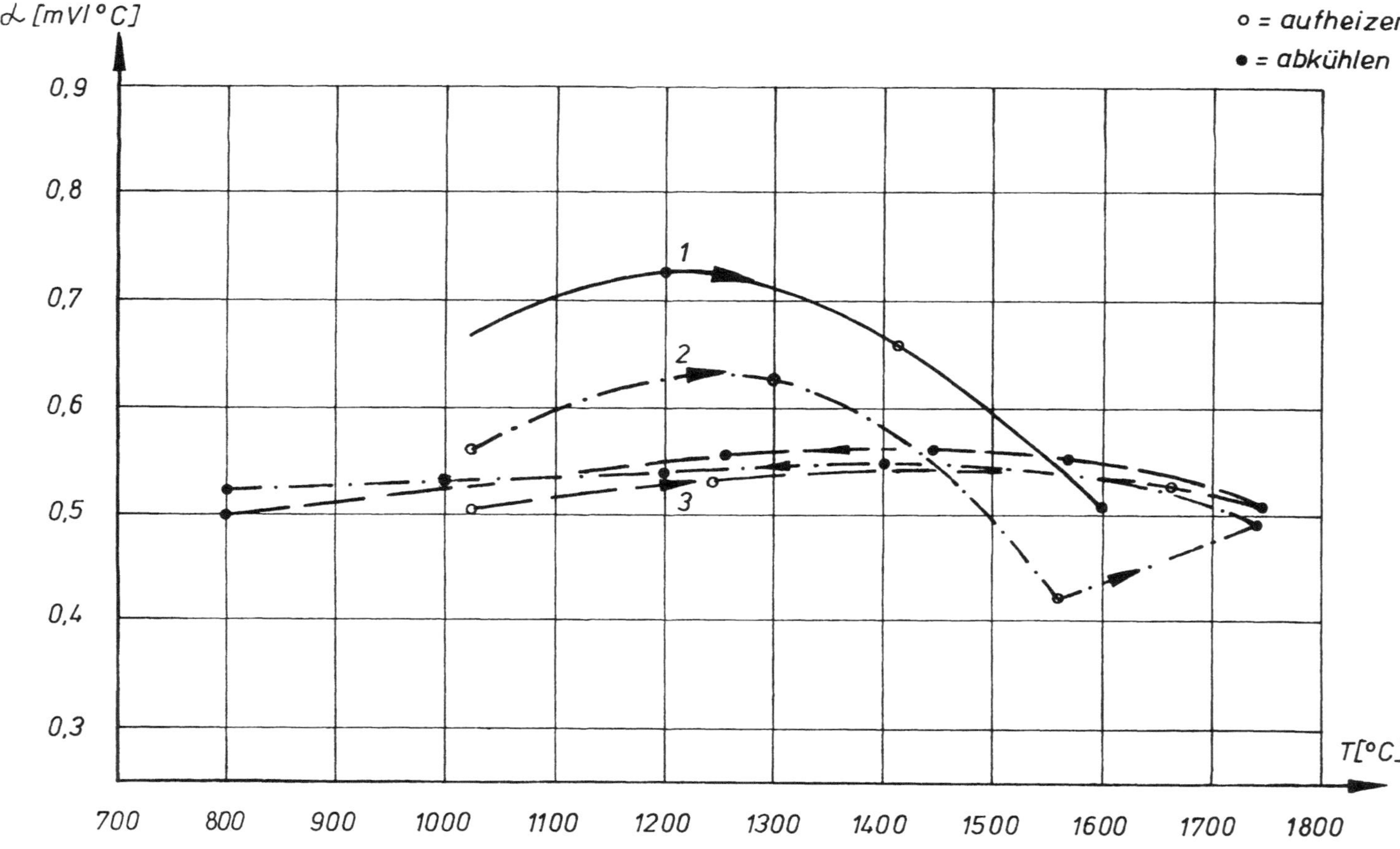

Abb. 5: Thermokraft von Cr_2O_3 mit 1Mol-% MgO-Zusatz in Abhängigkeit von der Temperatur

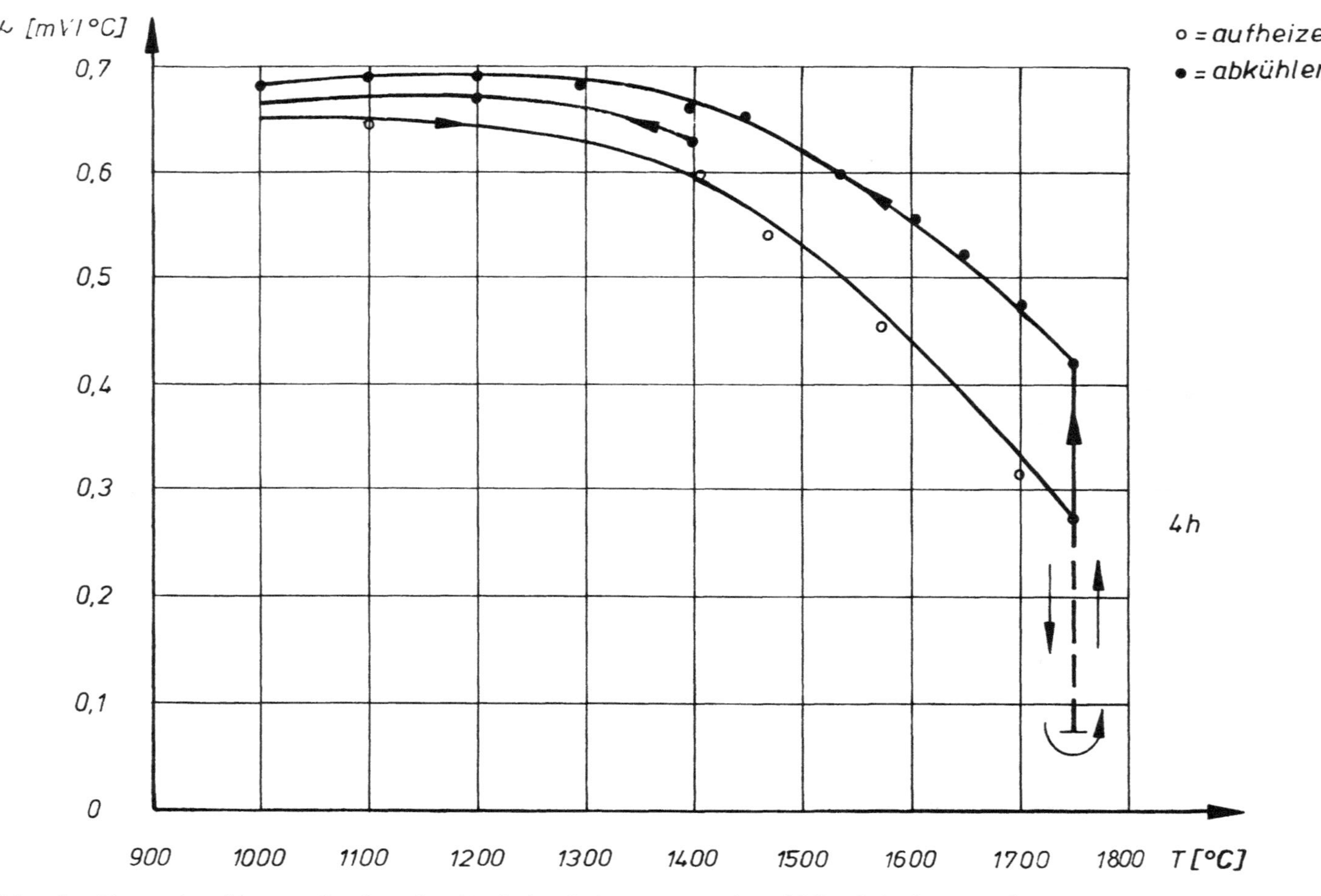

<u>Abb. 6:</u> Thermokraft von Cr_2O_3 mit 1Mol-% Al_2O_3-Zusatz in Abhängigkeit von der Temperatur

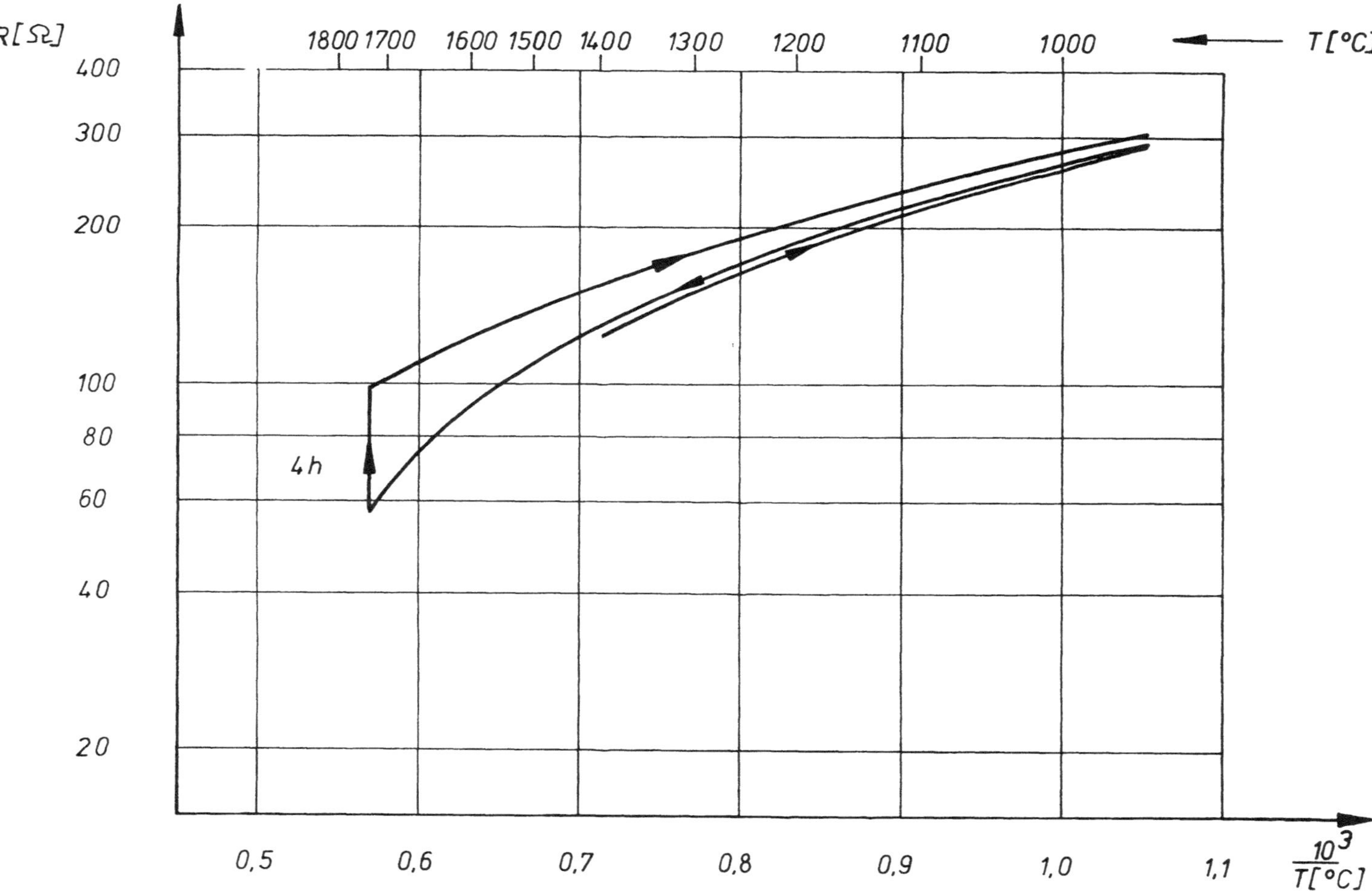

Abb. 7: Widerstand von Cr_2O_3 mit 1Mol-% Al_2O_3-Zusatz in Abhängigkeit von der Temperatur

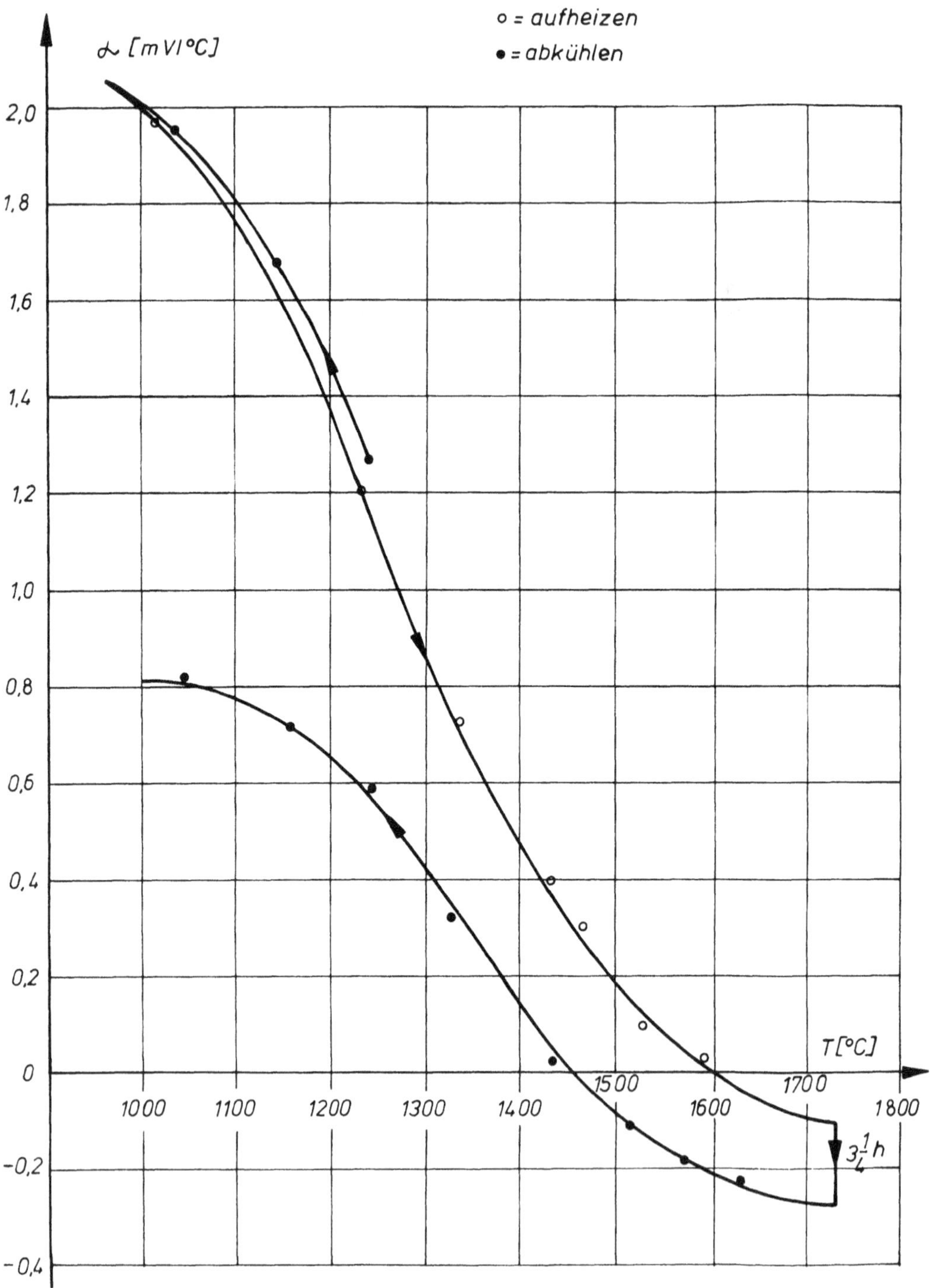

Abb. 8: Thermokraft von Cr_2O_3 + 1Mol% TiO_2 in Abhängigkeit von der Temperatur

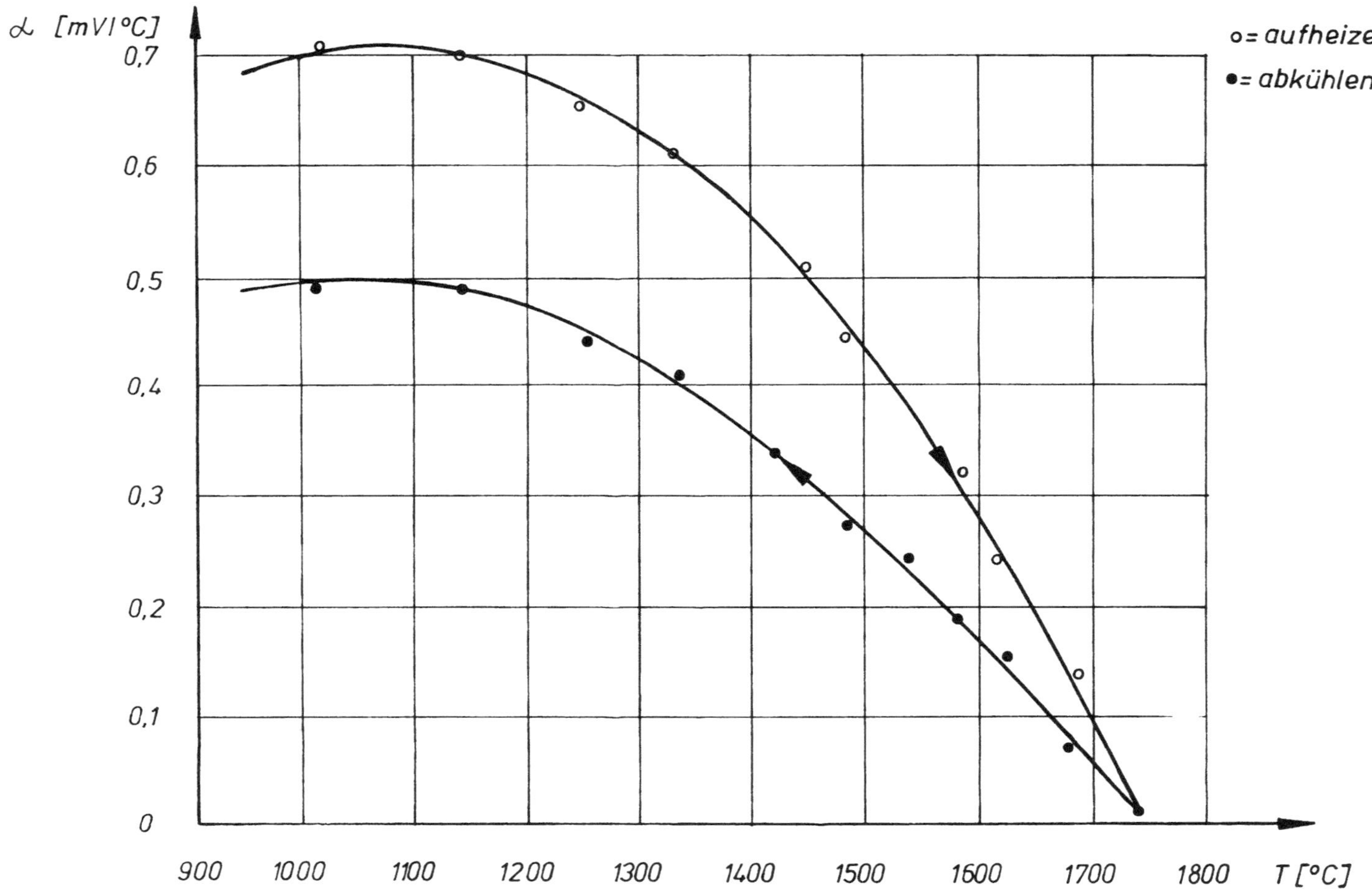

Abb. 9: Thermokraft von CrO_3 + 1Mol% ZrO_2 in Abhängigkeit von der Temperatur

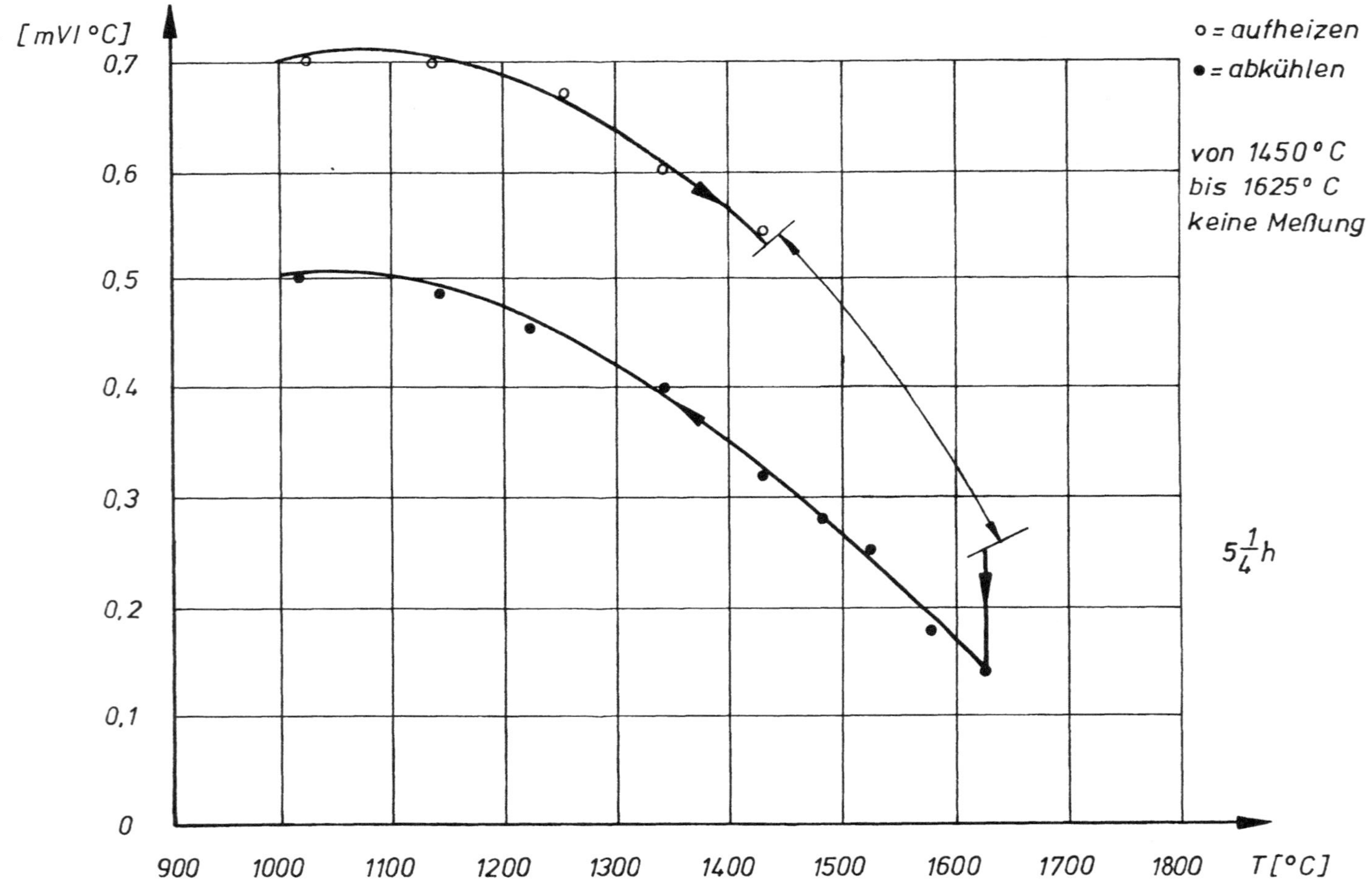

Abb. 10: Thermokraft von CrO_3 + 1Mol% ZrO_3 in Abhängigkeit von der Temperatur

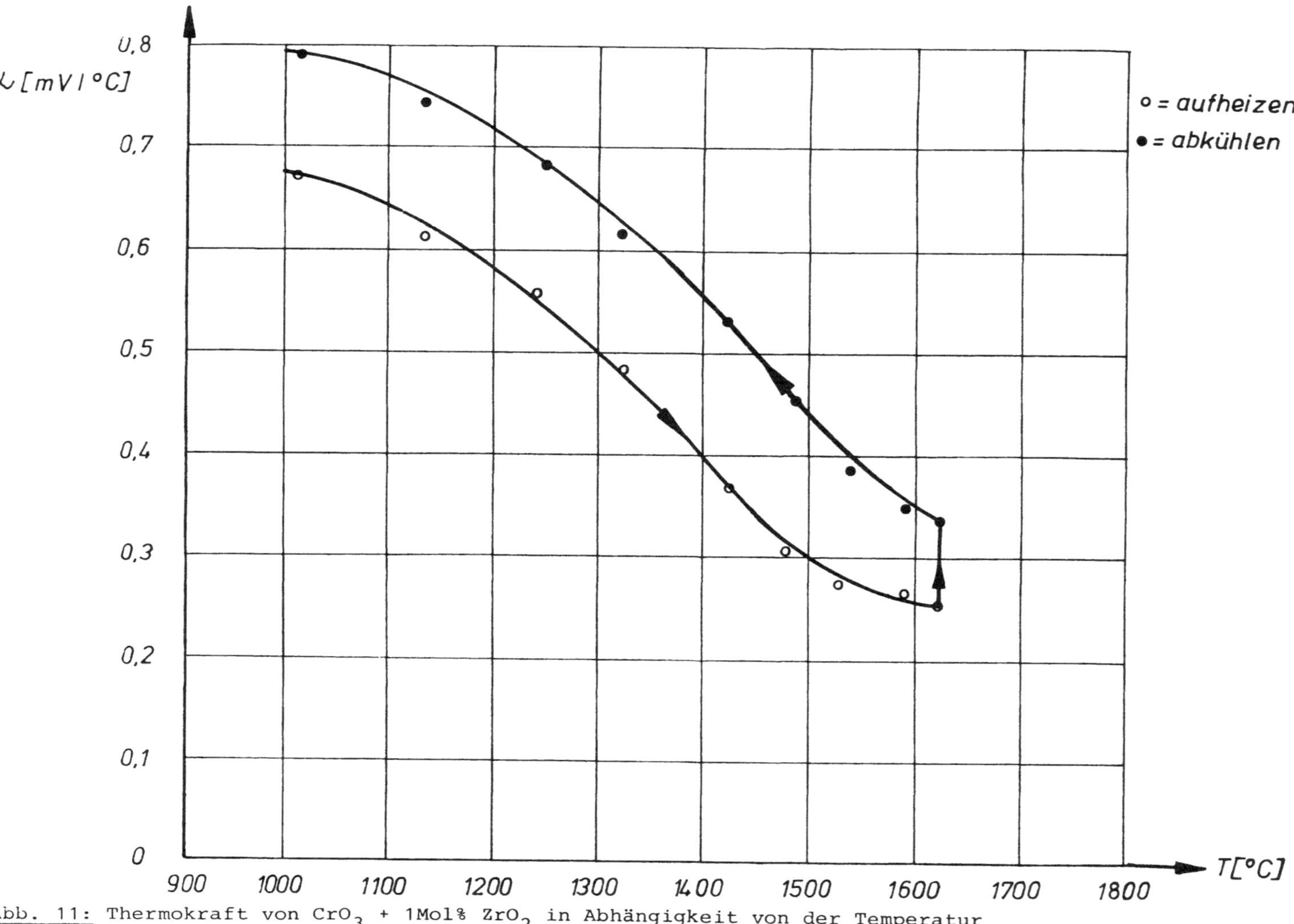

Abb. 11: Thermokraft von CrO_3 + 1Mol% ZrO_2 in Abhängigkeit von der Temperatur

GPSR Compliance
The European Union's (EU) General Product Safety Regulation (GPSR) is a set
of rules that requires consumer products to be safe and our obligations to
ensure this.

If you have any concerns about our products, you can contact us on

ProductSafety@springernature.com

In case Publisher is established outside the EU, the EU authorized
representative is:

Springer Nature Customer Service Center GmbH
Europaplatz 3
69115 Heidelberg, Germany